江苏省公园绿地海绵技术应用导则

江苏省住房和城乡建设厅
江苏省城市规划设计研究院

编著

图书在版编目(CIP)数据

江苏省公园绿地海绵技术应用导则 / 江苏省住房和城乡建设厅,江苏省城市规划设计研究院编. — 南京 : 东南大学出版社,2018.10

ISBN 978-7-5641-7967-0

Ⅰ.①江… Ⅱ.①江… ②江… Ⅲ.①公园-绿化-江苏 Ⅳ.①S731.2

中国版本图书馆 CIP 数据核字(2018)第 203734 号

江苏省公园绿地海绵技术应用导则

编　著	江苏省住房和城乡建设厅等	责任编辑　刘　坚
电　话	(025)83793329　QQ:635353748	电子邮箱　liu-jian@seu.edu.cn

出版发行　东南大学出版社	出 版 人　江建中
地　　址　南京市四牌楼 2 号	邮　编　210096
销售电话　(025)83794561/83794174/83794121/83795801/83792174	
83795802/57711295(传真)	
网　　址　http://www.seupress.com	电子邮箱　press@seupress.com

经　销　全国各地新华书店	印　刷　南京新世纪联盟印务有限公司
开　本　880×1 230　1/32	印　张　2
字　数　57 千字	
版印次　2018 年 10 月第 1 版第 1 次印刷	
书　号　ISBN 978-7-5641-7967-0	
定　价　20.00 元	

编　委　会

Preface 前言

　　为全面贯彻落实住房和城乡建设部及江苏省政府关于加强城市基础设施建设与科学推进海绵城市相关工作的部署，深入落实《江苏省政府办公厅关于加强风景名胜区保护和城市园林绿化工作的意见》的要求，江苏省住房和城乡建设厅组织江苏省城市规划设计研究院等单位，依据《城市绿地设计规范》《城市园林绿化评价标准》《城市排水工程规划规范》《园林绿化工程施工及验收规范》《公园设计规范》《室外排水设计规范》《种植屋面工程技术规程》等相关技术文件，在深入调研、参考国内外先进经验并结合江苏省相关实践成果的基础上，广泛征求专家、厅相关处室、市县行业管理部门与施工、设计单位意见，编制完成本技术应用导则。

　　本导则结合江苏实际和各地区情况，概述了公园绿地中海绵技术应用的总体目标和控制要求，强调通过规划设计、设施设计、植物配置、建设与维护等过程，全面、正确落实海绵理念，提升和完善公园绿地综合效益。

　　本导则属于指导性技术文件，由江苏省住房和城乡建设厅负责管理，江苏省城市规划设计研究院负责具体技术内容的解释。因编制时间紧，内容尚有待完善。在应用过程中，各单位若有意见和建议，请反馈至主编单位，以供修订时参考。

Contents 目录

一、总 则

1. 目的

本导则旨在指导江苏各地在公园绿地规划、建设过程中正确落实海绵城市建设要求,充分发挥绿地吸纳、蓄渗、净化和缓释自身及其周边雨水径流的作用,提升公园绿地的"海绵"效益,充分发挥公园绿地"自然积存、自然渗透、自然净化"的"海绵体"功能。

2. 适用范围

本导则重点指导公园绿地规划设计与海绵城市建设相关的内容,公园绿地规划设计应同时符合国家有关法律法规和标准规范。其他绿地类型可参考执行。

二、术语

海绵城市(sponge city)

指通过加强城市规划建设管理,充分发挥建筑、道路、绿地和水系等生态系统对雨水的吸纳、蓄渗和缓释作用,有效控制雨水径流,实现自然积存、自然渗透和自然净化的城市发展方式。

年径流总量控制率(volume capture ratio of annual rainfall)

指根据多年日降雨量统计数据分析计算,通过自然和人工强化的入渗、滞留、调蓄、利用、蒸发等方式,场地内累计全年得到控制(不外排)的雨量占全年总降雨量的百分比。

年径流污染控制率(volume capture ratio of annual urban diffuse pollution)

等同于年径流污染物总削减率,以固体悬浮物(SS)的削减量来计算。年悬浮物(SS)总量削减率等于区域内年径流总量控制率与海绵城市建设设施对悬浮物(SS)平均去除率的乘积。

径流峰值控制率(volume capture ratio of runoff peak flow)

指雨水设施最大出水流量与最大进水流量之间的比值。

雨水资源利用率(the ratio of rainwater resources utilization)

指公园绿地内年雨水利用总量占年降雨量的比例。

超标雨水径流(excess stormwater runoff)

超出公园绿地内滞留、蓄水设施承载能力的雨水径流。

设计降雨量(designed rainfall depth)

为实现一定的年径流总量控制目标(年径流总量控制率),用于确定海绵设施设计规模的降雨量控制值,一般通过当地多年日降雨资料统计数据分析、计算获取,通常用日降雨量(mm)表示。

雨水渗透(stormwater infiltration)

在降雨期间使雨水分散并被渗透到人工介质内、土壤中或地下,以增加雨水回补地下水、净化径流和削减径流峰值的措施。

雨水滞留(stormwater retention)

在降雨期间暂时储存部分雨水,以增加雨水渗透、蒸发并收集回用的措施。

雨水调蓄(stormwater detention)

在降雨期间调节和储存部分雨水,以增加雨水收集回用量或削减径流污染、径流峰值的措施。

透水铺装(pervious pavement)

利用可透水材料或构造做法,满足场地雨水渗透、荷载要求和结构强度的铺装结构。

集雨型生态明沟(rainwater-harvesting ecological ditch)

用来收集、输送和净化雨水且表面覆盖植被的明渠,可用于衔接其他海绵技术单项设施(如滞留湾、小微湿地等)、城市雨水管渠和超标雨水径流排放系统。

渗管/渠(infiltration trench)

地面以下具有渗透和转输功能的雨水管或渠。

生物滞留设施(bio-retention system)

是通过植物、土壤和微生物系统对水质水量截流并暂时存储、渗滤和净化的结构型雨水设施。

绿色屋顶(green roof)

又称种植屋面或屋顶绿化,指在高出地面以上的各类建筑物、构筑物的顶部和天台、露台上由表层植物、覆土层和疏水设施构建的具有一定景观效应的绿化屋面。

滞留湾(retention bay)

与主水面相连,收纳、调蓄雨水,沉淀、过滤污染物,丰富滨水岸线景观效果的雨水滞留区域。

植被缓冲带(vegetation buffer strip)

通过植被拦截与土壤下渗作用减缓地表径流流速,并去除径流中的部分污染物的滨水缓坡绿化带。

小微湿地(small wetland)

天然或人工形成的覆盖湿生、水生植物的沼泽地,静止或流动的水域。

雨水花园(rainwater garden)

自然形成或人工挖掘的下凹式绿地,利用土壤和植物的过滤作用净化雨水,同时能形成良好植物生境的雨水滞留、入渗区域。

雨水利用设施(rainwater utilization facilities)

通常为用于建筑屋顶,道路侧、中分带,公园绿地等区域的人工雨水收集、利用设施。

三、规划目标

1. 总体目标

(1) 统筹考虑绿地景观功能与雨水控制目标要求,结合周边区域汇水关系和客水受纳要求,做好与城市排水系统的有机衔接,按照《海绵城市建设技术指南——低影响开发雨水系统构建》(以下简称《指南》)及相关规范标准所规定的控制要求,实现水生态、水环境、水资源、水安全综合规划目标。

(2) 控制指标的确定应充分结合项目所在地气候、土壤、水文地质、地形地貌等自然地理特征,以及区域绿地、水资源条件、水质环境、经济发展水平等因素,有重点地确定绿地雨水径流控制目标。

表 3.1　不同地区雨水控制目标和协同目标

地区(用地)类别	雨水控制目标	协同目标
水资源回用需求较高的地区	雨水资源化利用率	雨水资源化利用率应作为径流总量控制目标的一部分
水资源丰沛地区	径流污染及径流峰值控制率	
径流污染问题较严重地区	径流污染物控制率	一般转换为年径流总量控制率目标
水土流失严重和水生态敏感地区	年径流总量控制率	
易涝地区	径流峰值控制	同时达到《室外排水设计规范》(GB 50014—2006)中内涝防治设计重现期标准
内涝与径流污染防治、雨水资源化利用等多种需求地区	年径流总量控制率	综合实现径流污染和峰值控制及雨水资源化利用目标

2. 控制指标

(1) 年径流总量控制率:新建项目不应低于80%,改建项目不应低于75%。若新建、改建项目年径流总量控制率达95%以上,鼓励在项目自身安全和相关功能的基础上合理分担周边客水,分担客水容量应小于项目所有调蓄设施的最大调蓄容积之和。

（2）年径流污染控制率：新建项目不应低于80％，改建项目不应低于75％。

（3）雨水资源化利用率：新建项目不宜低于10％，改建项目不宜低于5％。

以上控制指标可根据各地排水防涝、海绵城市规划控制指标要求进行适当调整与优化。

四、规划设计

1. 规划原则

1）科学分析，因地制宜

结合当地水资源状况、降雨量、开发强度和经济发展等条件，因地制宜，科学分析，合理确定控制目标，选择适宜技术。新建公园绿地要根据海绵城市建设要求，结合绿地率、绿化覆盖率等指标控制要求，科学规划地表汇水和竖向关系，有机融入城市绿地系统和雨水控制利用系统。老公园绿地改造要结合城市更新、环境整治等项目安排，统筹布局，优化设计，提升公园绿地"海绵"功能。

2）统筹规划，系统设计

发挥公园绿地在海绵城市建设中的绿色海绵功能，结合城市绿地系统规划、绿线规划、绿道规划等专项规划进行统筹布局和指标分解。结合公园绿地周边地表沟渠、雨水管网、绿地内部竖向条件和水系布局，系统设计，合理受纳周边雨水径流。

3）功能均衡，效益提升

公园绿地海绵建设应首先满足自身的生态、景观和游憩等主导功能，同时，统筹其雨水控制与利用功能。根据公园绿地所在区域条件、绿地规模大小、功能景观特征等因素制定不同规划设计方案，保持公园绿地功能的整体协调和景观的丰富多样。

4）经济适用，管护便利

综合考虑雨水设施和各项技术的经济适用性，通过经济效益评估，合理选择单项技术，力求建设简便，管护便利，满足建设节约型园林绿化的要求。

2. 基本要求

公园绿地海绵建设要强调多专业协同设计。在项目方案设计、扩初设计、施工图设计等各个环节，应由风景园林专业、给排水（雨水）专业及相关专业技术人员共同协作完成,其中给排水专业人员侧重雨水控制利用系统专项设计,风景园林专业人员侧重景观优化与衔接。

(1) 设计目标应满足海绵城市规划、城市绿地系统规划等相关规划提出的目标要求。注重发挥绿地自然生态功能,结合立地条件优先采用构造简单、施工便捷、维护便利的雨水设施,并合理选择单项或组合设施,充分满足雨水渗透、滞蓄、净化和利用等功能需要。

(2) 应根据设计目标,通过水文、水力技术模型计算得出雨水设施规模。综合考虑设施运行性能、生态景观效益和建设维护成本,并对设计方案进行综合模拟评估,形成兼顾科学性、景观性和经济性的总体方案。

(3) 雨水设施设计应符合场地整体景观设计要求,并与规划总平面、竖向、建筑、道路等设计相协调。

(4) 项目规划设计方案总平面图应包含海绵设施的规模、数量、分布、相关措施和总体设计说明。施工图设计文件应包含海绵设施设计专项内容。

3. 设计流程与方法

1) 设计流程

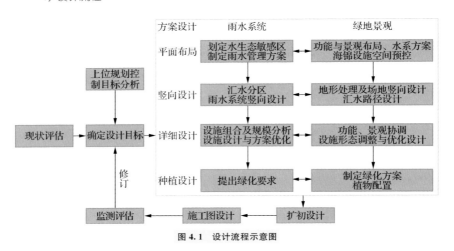

图 4.1　设计流程示意图

2) 设计方法

(1) 整体分析。整体研究项目周边用地,分析区域内部绿地、水面、广场、建筑等用地类型和比例,分析场地的降雨特征、土壤渗蓄特征、植物群落特征、径流量、污染物含量等,确定场地的径流流向、集水点和分区汇水面积等,估算现有绿地海绵体蓄水能力,确定设计方向,制定绿地和水面调蓄雨水的目标比例等。

(2) 指标测算。根据现有建设区域内汇水区面积、不透水铺装比例、渗蓄比例等条件,结合相邻区域汇水量,通过模拟测算建设区域的年径流总量控制率和年径流污染控制率,并与规划目标进行校核。

(3) 技术选择和规模确定。依据指标测算结果,选择相应的海绵技术措施,确定其数量、规模和技术组合模式。

(4) 方案设计。根据确定的技术措施和计算的设施量,结合景观设计要求进行总体设计和设施布置,形成系统设计方案。

(5) 复核优化。依据总体方案复核技术措施与目标要求,进行方案优化设计。

(6) 方案实施。按照优化后的设计方案所确定的内容和规模,组织方案实施,提出实施控制要求,指导设施建设与管理维护。

4. 雨水系统设计

1) 设计要求

(1) 应与园林绿化工程有机融合,系统规划,同步设计,同步施工,同步验收。

(2) 应以城市排水防涝综合规划、绿地系统专项规划、海绵城市专项规划、控制性详细规划等为依据,结合场地条件与特点,明确规划控制目标和指标。

(3) 优先利用生态边沟、生物滞留设施、小微湿地等绿色雨水基础设施,结合雨水管渠、泵站、调蓄池等灰色雨水设施,满足规划目标控制要求。相关设施设计须与周边景观相协调。

(4) 道路、广场,可根据其通行需求采用透水砖、碎石路、碎拼路等透水铺装方式,铺装形式可参考传统园林做法并根据景观设计要求灵活变化,优先采用乡土透水材料和构造透水做法。

(5) 大型雨水调蓄设施应设置维护检修与人员疏散通道、水位警示标志与预警系统、超标雨水径流的进水与溢流通道以及必要的安全防护设施。

2）技术设施选择与组合

雨水控制利用技术按功能一般可分为渗透、蓄存、调节、转输、截污、净化等几类，主要雨水设施包括透水铺装、渗管（渠）、生态边沟、生物滞留设施、绿色屋顶、滞留湾、植被缓冲带、小微湿地、雨水花园、雨水利用设施等。

应根据规划控制目标与指标，结合雨水设施的系统设计，灵活选用技术设施及其组合，充分发挥技术的组合优势和系统效应。

（1）组合系统中各类设施应符合场地的土壤渗透性、地下水位、地形坡度、空间条件等实际场地条件。

（2）组合系统中各类设施的主要功能应符合规划控制目标要求。

（3）在满足控制目标的前提下，应尽可能降低组合系统中各类设施的总成本。

（4）组合系统应与场地空间相适应，并能形成较好的整体景观效果。

3）雨水系统设计典型模式

（1）建筑及周边雨水系统设计

建筑屋面和周边场地径流雨水应通过有组织的汇流与转输，经截污等预处理后引入雨水存蓄设施。因空间限制等原因不能满足控制目标的，径流雨水可借由雨水管渠系统引入雨水存蓄设施。其雨水系统典型模式如下图：

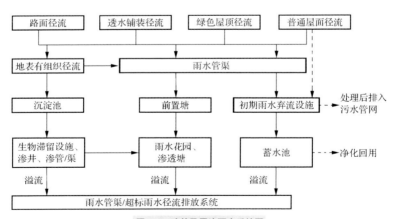

图4.2 建筑及周边雨水系统图

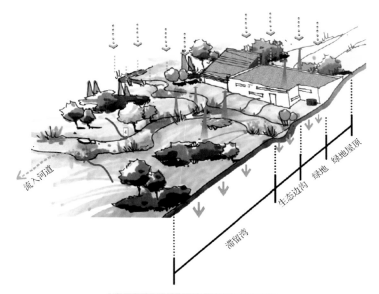

图 4.3 建筑及周边雨水系统景观示意图

（2）道路、广场及周边雨水系统设计

结合道路与广场本身绿化带和绿化场地优先设计集雨型生态边沟、生物滞留带、雨水花园等。其雨水系统典型模式如下图：

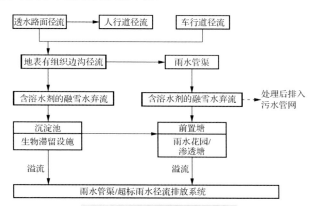

图 4.4 道路、广场及周边雨水系统图

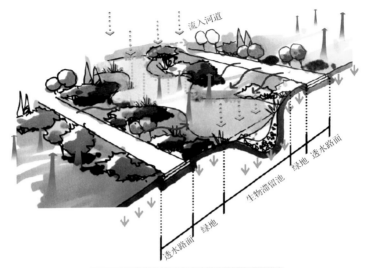

图 4.5　道路、广场及周边雨水系统景观示意图

(3) 绿地及周边雨水系统设计

合理利用雨水花园、小微湿地等雨水滞蓄空间消纳自身及周边区域径流雨水,并衔接区域内的雨水管渠系统和超标雨水径流排放系统,提高区域内涝防治能力。其雨水系统典型模式如下图:

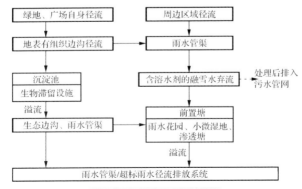

图 4.6　绿地及周边雨水系统图

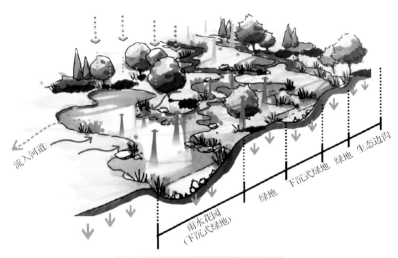

图 4.7　绿地及周边雨水系统景观示意图

（4）水系及周边雨水系统设计

水系设计应根据其功能定位和水体、岸线现状，进行合理保护、利用和改造，在满足雨洪行泄等功能条件下，实现规划控制目标及指标要求。水系雨水系统典型流程如下图：

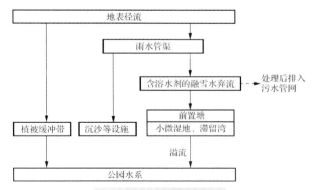

图 4.8　水系及周边雨水系统图

5. 绿地景观设计

（1）加强景观设计与雨水系统设计的有机结合，提高项目的复合生态功能和综合效益。

（2）优先采用各类绿色雨水基础设施实现绿地自身雨水径流控制目标。

（3）优先保护并修复场地内自然沟渠、湿地、坑塘等地表径流通道和蓄存空间,减少对原有地形、水系、土壤条件、动植物的干扰。

（4）通过合理的规划布局和竖向设计,减少不透水面积,利用绿地划分大面积不透水区域,使不透水区域的径流优先进入周边绿地、水体进行滞蓄、净化,减少外排总量、峰值流量和污染物负荷。

（5）充分发挥景观水体的蓄水防涝、生物栖息地、环境美化和休憩游乐等多种功能;景观水体应优先利用地表径流作为补给水源,其规模应基于功能需求和景观效果,考虑降雨规律、水面蒸发量和雨水回用量等因素,通过全年水量平衡分析确定;水体岸线宜为生态驳岸,其构造做法应根据水系流量、流速满足耐冲蚀要求。

（6）带状公园绿地,要通过合理的地形与竖向设计发挥其滞蓄、净化作用,并与上下游超标雨水径流排放系统及城市河道相衔接。

（7）滨水公园绿地雨水控制利用系统的植物配置应根据场地竖向情况、全年水位变化范围等条件,选择合适的乡土湿生和水生植物。

6. 专项技术与设计

1）土壤技术分析

项目规划设计前须对土壤的渗透率、土质条件进行详细勘测。根据江苏省域土壤分布,全省分为三个土带八个土区:棕壤、褐土带(沂沭岗地浅洼平原);黄棕壤、黄褐土带(里下河浅洼地水稻土区,苏北滨海平原脱盐潮土、滨海盐土区,宁镇扬低山丘陵黄棕壤、黄褐土、水稻土区,沿江平原灰潮土、水稻土区,太湖平原水稻土区);棕红壤带(宜溧山地)(见附录二）。

利于雨水渗透的土壤:要求土壤的渗透性较大。基本要求是 15 cm 的深坑必须在 24 小时内完全入渗。如达不到渗透要求,可更换土壤,其土壤配置比例如下:50%—60%的沙土和碎石,20%—30%的腐殖土,20%—30%的表层土。

利于雨水收集的土壤:构造要求级别较高。土壤质地以沙土为宜,土壤成分比例一般为:沙土 35%—60%,黏土不大于 25%,且要求渗透系数大于 0.3%。

选择土壤的基本原则是用作雨水渗滤的土壤应具有较强的净化能力和较高的水力负荷。一般应具备下列条件:

（1）用作雨水土壤渗滤的材料，要求有一定的渗透率。当用雨水渗滤技术处理雨水回灌地下水时渗透系数一般不小于 10^{-6} m/s；当用雨水渗滤技术处理雨水回用时，渗透系数一般不小于 10^{-5} m/s。

（2）有一定耐污染负荷的能力和较强的吸附性能。

（3）有利于植物生长。

（4）价格低廉，易于获得，便于施工与管理等。

2）竖向设计

竖向设计是公园绿地雨水系统设计的重要前提，应依据场地地形特征、水系关系、土壤条件、植被品种与分布等初始条件，结合功能布局开展竖向及汇水关系研究，在土方平衡的基础上合理确定水系走向、水面规模、汇水分区和场地主要标高等内容，并与外围水系、市政管网进行有效衔接。

（1）海绵技术的实现与场地竖向设计关系密切。应将道路、铺装及其周边绿地整体考虑，通过地形坡度、坡向和高差关系设计，使雨水自然汇集，并与雨水渗蓄设施有机衔接。

（2）道路设计应保证雨水能顺利进入周边转输、渗蓄设施，在集中入水口需铺设碎石等消能设施。

（3）在需要设置溢流口的位置，将雨水溢流口设置在绿地中或绿地与硬化地表的交界处，雨水口高程高于下渗面高程，低于路面或场地高程，超过海绵设施蓄渗能力的雨水通过溢流口就近排入雨水管网。

3）平面布局设计

充分结合地形地貌现状进行场地设计与功能布局，保护并合理利用场地内原有的湿地、坑塘、沟渠等。

土壤入渗率低的公园绿地应布置以储存、回用为主的设施。公园绿地内景观水体可作为雨水调蓄设施。

优化不透水硬化面与绿地空间布局，建筑、广场、道路周边宜布置可消纳雨水径流的绿地。

设施布置应注重分散与集中相结合。除布置滞留湾、雨水罐、渗井等小型、分散设施外，还可集中布置生物滞留区（带）、小微湿地、雨水花园、绿色屋顶等中、大型雨水设施。设施之间应相互衔接，形成系统。

可采用生态边沟转输雨水,以降低径流污染负荷。雨水进入景观水体之前应设置滞留湾、植被缓冲带等预处理设施。

4)建筑设计

(1)屋顶坡度较小的建筑应结合其功能性、景观性和经济性需求,积极采用绿色屋顶,绿色屋顶的设计应符合《种植屋面工程技术规范》(JGJ155-2013)的规定。

(2)水资源紧缺地区可考虑优先将屋面雨水进行集蓄回用,净化工艺应根据回用水水质要求和径流雨水水质确定。雨水储存设施可结合现场情况选用雨水罐、地上或地下蓄水池等设施。当建筑层高不同时,可将雨水集蓄设施设置在较低楼层的屋面上,收集较高楼层建筑屋面的径流雨水,借助重力供水而节省能量。

(3)应优先选择对水质没有影响或影响较小的建筑屋面及外装饰材料。

(4)合理利用地下空间,为雨水回补地下水提供渗透路径。

5)绿地设计

(1)道路径流雨水进入绿地内的雨水设施前,应利用沉淀池、前置塘等对径流雨水进行预处理,防止径流雨水对绿地环境造成破坏。有降雪的区域还应采取措施对含融雪剂的融雪水进行弃流,弃流的融雪水宜经处理(如沉淀等)后排入市政污水管网。

(2)应通过土壤改良和表土保护保持土壤蓄水能力。城市土壤改良宜使用绿化废弃物、草炭、有机肥等有机介质促进土壤团粒形成、增强土壤的渗透能力。应做好绿地日常土壤管理工作,减少对土壤的机械压实,定期中耕松土,保证雨水入渗速度和入渗量。

(3)地形改造中,应根据不同雨水设施的主要作用选择适宜的坡度,满足雨水下渗、转输和净化等不同功能需要。

6)道路、铺装设计

(1)道路横断面设计应优化道路横坡坡向、路面与道路绿化带及周边绿地的竖向关系,便于雨水径流借助地表坡度自然汇集,经过滤设施或转输设施进入下沉式绿地。

(2)路面排水宜采用生态排水的方式。路面雨水首先汇入道路绿化带及周边绿地内的雨水设施,并通过设施内的溢流排放系统与其他雨水设施、城市雨水管渠系统、超标雨水径流排放系统相衔接。

(3)绿地内人行道、广场、地面停车场等应结合其功能和景观要求,合理选择透水铺装形式,鼓励采用乡土材料和构造透水的做法。透水铺装路面设计同时应满足路基路面强度和稳定性等要求。

五、单项设施技术

1. 透水铺装

主要类型:按照面层材料不同可分为透水混凝土铺装、嵌草砖、碎石铺装等。

适用范围:广场、停车场、人行道以及车流量和荷载较小的道路。

海绵作用:可补充地下水并具有一定的峰值流量削减和雨水净化作用。

技术要点:透水铺装的应用宜达到总铺装面积的 70% 以上,以达到减少径流的效果。

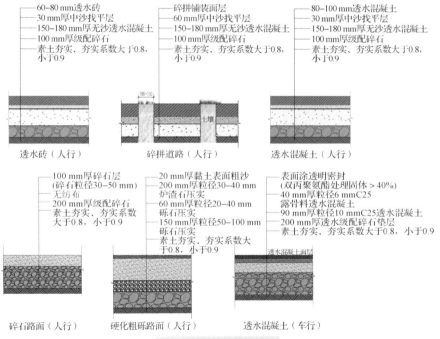

图 5.1　透水铺装断面示意图

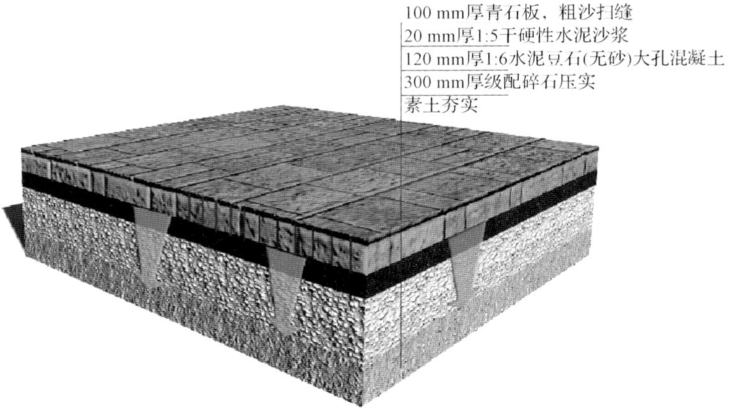

100 mm厚青石板，粗沙扫缝
20 mm厚1:5干硬性水泥沙浆
120 mm厚1:6水泥豆石(无砂)大孔混凝土
300 mm厚级配碎石压实
素土夯实

图 5.2　透水铺装景观示意图

2. 集雨型生态明沟

适用范围:适用于道路的两侧或单侧,硬质场地与绿地地形边缘等有一定汇水面和排水需求的区域。

海绵作用:利用重力流收集、输送雨水,并通过植被截留及土壤过滤、净化雨水径流,可用于衔接其他雨水收集和排放系统。

技术要点:须注意生态明沟与场地、道路及地形的平顺衔接,面层一般可覆盖草坪或低矮草本植物,土壤下层一般填充 300—400 mm 厚度的级配碎石,以保证在雨水较少时就地下渗。注意处理好生态明沟与行道树的关系,生态明沟可贴近道路布置,也可在行道树 2 m 左右范围内布置。

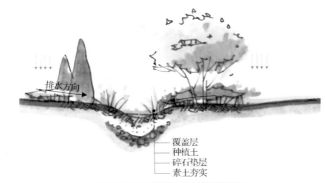

　　　　　　　　　覆盖层
　　　　　　　　　种植土
　　　　　　　　　碎石垫层
　　　　　　　　　素土夯实

图 5.3　集雨型生态明沟断面示意图

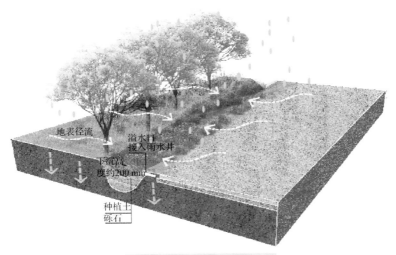

图 5.4　集雨型生态明沟景观示意图

3. 渗管/渠

　　构成类型:穿孔塑料管、无砂混凝土管/渠和砾(碎)石等材料组合而成。

　　适用范围:适用于绿地内转输流量较小的区域,不适用地下水位较高、径流污染严重及易出现结构塌陷等雨水不宜渗透的区域。

　　海绵作用:具有雨水渗透功能。

技术要点：渗管/渠应设置植草沟、沉淀（沙）池等预处理设施，开孔率应控制在1%—3%之间，无砂混凝土管的孔隙率应大于20%，敷设坡度应满足排水的要求，四周填充砾石或其他多孔材料，砾石层外包透水土工布，土工布搭接宽度不应少于200 mm，在车行路下时应满足覆土深度不小于700 mm。

图 5.5　渗管、渗渠断面示意图

图 5.6　渗管、渗渠景观示意图

4. 生物滞留设施

适用范围:适用于建筑、道路及停车场的周边绿地。对于径流污染严重、设施底部渗透面距离季节性最高地下水位或岩石层小于 1 m 及距离建筑物基础小于 3 m(水平距离)的区域,宜采用底部防渗的复杂型生物滞留设施。

海绵作用:在地势较低的区域,通过植物、土壤和微生物系统蓄渗、净化径流雨水,缓释补充周边土壤水分和地下水。

技术要点:生物滞留设施应用于道路绿化带时,若道路纵坡大于 1%,应设置挡水堰/台坎,以减缓流速并增加雨水渗透量;设施靠近路基部分应进行防渗处理,防止对道路路基稳定性造成影响。设施宜分散布置且规模不宜过大,设施面积与汇水面面积之比一般为 5%—10%。设施蓄水层深度应根据植物耐淹性能和土壤渗透性能确定,一般为 200—300 mm;为提高生物滞留设施的调蓄作用,在穿孔管底部可增设一定厚度的砾石调蓄层。

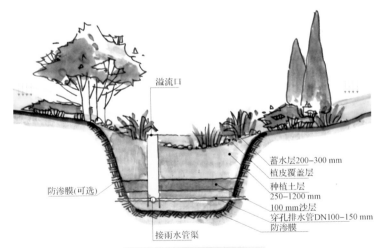

图 5.7　生物滞留设施断面示意图

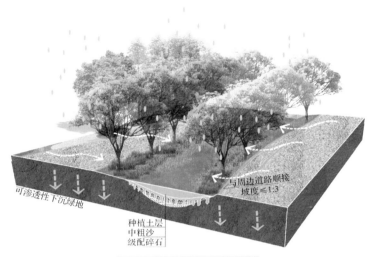

图 5.8 生物滞留设施景观示意图

5. 绿色屋顶

主要类型:根据种植基质深度和景观复杂程度分为简单式绿色屋顶和花园式绿色屋顶。

适用范围:符合屋顶荷载、防水等条件的平屋顶建筑和坡度≤15°的坡屋顶建筑。

海绵作用:滞留、过滤净化雨水,有效减少屋面径流总量和径流污染负荷。

技术要点:简单式绿色屋顶的基质深度一般不大于 150 mm,可种植地被形成丰富的花境景观;花园式绿色屋顶在种植乔木时基质深度可超过 600 mm,通过乔灌木搭配形成高低错落层次丰富的屋顶花园景观。

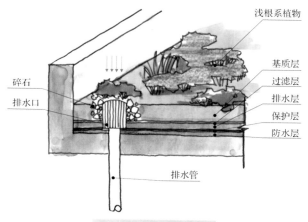

图 5.9　绿色屋顶断面示意图

图 5.10　绿色屋顶景观示意图

6. 滞留湾

适用范围：适用于有明显地表排水路径、上游有断续来水的滨水区域。

海绵作用：受纳、调蓄雨水，沉淀、过滤污染物，丰富滨水岸线景观效果。

技术要点：一般可结合集雨型生态边沟设置。应注意修整滞留湾前段汇水水系的自然线型，入河口处应将水面适度放大，形成浅水内湾，并结合景观置石及湿生和水生植物种植,增加雨水调蓄、过滤能力,形成自然生态的景观效果。

图 5. 11　滞留湾断面示意图

图 5. 12　滞留湾景观示意图

7. 植被缓冲带

适用范围:道路、停车场等大面积硬化地面周边坡度较缓的滨水区。

海绵作用:通过植被拦截与土壤下渗作用减缓地表径流流速,去除径流中的部分污染物。

技术要点:植被缓冲带坡度一般为 2%—6%,宽度不宜小于 2 m,一般设有碎石消能渠,可根据下部土壤渗透性能考虑是否设置渗排水管。

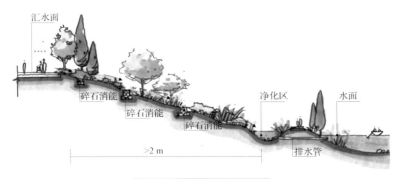

图 5.13 植被缓冲带断面示意图

图 5.14 植被缓冲带景观示意图

8. 小微湿地

适用范围:适用于具有一定汇水面积的下凹绿地或滨水区。

海绵作用:调蓄场地雨水并削弱径流峰值流量,并有一定的雨水净化处理功能和良好的生态景观效果。

技术要点:进水口和溢流出水口应设置碎石、消能坎等消能设施,防止水流冲刷和侵蚀;湿地应设置前置塘对径流雨水进行预处理;沼泽区包括浅沼泽区和深沼泽区,其中浅沼泽区水深范围一般为 0.3—0.5 m,深沼泽区水深范围一般为 0.5—0.8 m;出水池水深一般为 0.8—1.2 m。

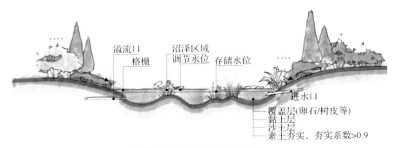

图 5.15 小微湿地断面示意图

图 5.16 小微湿地景观示意图

9. 雨水花园

适用范围:适用于具有一定汇水面积的绿地或建筑周围。

海绵作用:用于收集来自屋顶或地面的雨水,利用土壤和植物的过滤作用净化雨水,雨水可通过花园暂时滞留后逐渐渗入土壤。

技术要点:种植灌木、花草,形成小型雨水滞留区,进水口和溢流出水口应设置碎石、消能坎等消能设施,防止水流冲刷和侵蚀;花园内一般应设置溢流口,保证暴雨时超标雨水的溢流和排放,溢流口顶部标高一般应高于绿地 50—100 mm;绿地基层设计渗透时间一般不大于 48 小时。

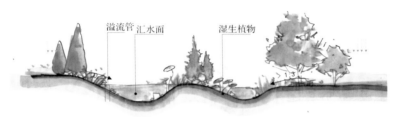

图 5.17　雨水花园断面示意图

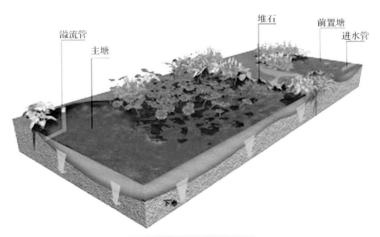

图 5.18　雨水花园景观示意图

10. 雨水利用设施

适用范围:适用于建筑屋顶、道路及硬质场地、大面积绿地等区域的雨水收集利用。

海绵作用:收集雨水作为绿地浇洒用水、市政用水和建筑用水等,促进水资源循环利用。

　　技术要点：储存系统设计应进行水量平衡计算。宜采用耐腐蚀、易清垢的材料制作。钢板池(箱)内、外壁及其附配件均应采取防腐处理。配备自来水补水管的应采取防污措施。补水管出水口应高于雨水储存池(箱)内溢流水位(并且安装自来水水表)。供水管道严禁与生活饮用水给水管道连接。雨水管和自来水管管道外壁应按有关标准涂色标志。定期检测主要水质指标，对常用控制指标(水量、主要水位、pH、浊度、余氯等)实行现场监测或在线监测。

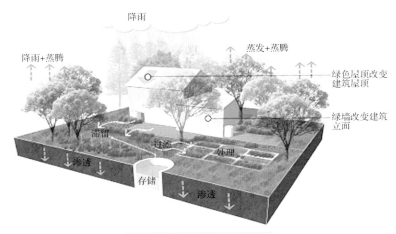

图5.19　雨水利用设施景观示意图

六、植物配置

1. 基本要求

1）总体要求

在雨水设施设计时应充分分析场地现状，创造适宜植物生长的生境条件。在植物品种选择和配置中，充分发挥植物在调蓄径流、净化水质和美化景观等方面的作用。在特殊条件下应通过针对性的雨水设施设计，创造适宜植物生长的环境。

2）植物选择原则

（1）应根据基地的气候、土壤和水文条件优先选择乡土适生植物。

（2）应根据绿地雨水设施的主要功能，充分考虑水位、日照、水质、土壤、坡度及周边植被现状等因素，有针对性地选择适应各种环境的观赏植物品种，优先选择耐水湿、抗污染、根系发达的植物。

（3）宜选择易栽培、成活率高、抗性强、维护管理简单的植物品种。

（4）速生品种和慢生品种相结合，近期效果和远期效果兼顾。

（5）应注重植物配置的艺术化处理，选择观赏性强的植物品种，与周边绿地植物相融合。

3）植物配置原则

（1）遵循公园绿地种植设计总体要求，发挥植物生态、景观、游憩等功能。

（2）充分尊重场地的原有植被，雨水设施建设不得以牺牲林荫率为代价。

（3）结合绿地雨水设施内部的微环境进行合理布置，要有利于植物在短期内产生系统功能。

（4）应按照生态学原理，通过上层、中层、下层植物品种的搭配，速生树种与慢生树种的搭配，落叶与常绿植物的搭配，构建稳定的地带性植物群落。

（5）应正确处理植物群落的空间关系。全面考虑植物的观赏效果和季相变化，保证旱季和雨季的景观效果，并与周边环境相协调。

2. 生物滞留设施和雨水花园植物

(1) 选择根系发达、耐旱、耐湿、抗污染的植物,并能耐周期性水淹(一般情况下蓄水区的植物耐水淹时间不少于 48 小时)。设施内有土工布、穿孔管等结构时,应使用浅根性植物。

(2) 设施内部需考虑微地形营造,满足汇水、蓄水的空间需求。蓄水区应选择耐淹、抗污染和净化能力较强的植物,边缘区宜选用较耐旱且耐水湿的植物。

(3) 适地适树,考虑设施尺寸和种植土厚度,在空间有限的情况下宜以小乔木为主。溢水口等水流出入口处不宜布置木本植物,以防止径流对灌木和乔木根部土壤的冲刷。

(4) 道路周边和停车场中的生物滞留设施,宜以灌木、地被为主,植物选择与配置不应影响交通安全。同时应综合考虑生态效益和绿化效果,保证绿量不缺失。

3. 滞留湾植物

(1) 根据进水水质,配置耐淹、耐旱、耐冲刷及水质净化性能较强的植物品种。

(2) 滞留湾入水口缓冲区应采用根系发达的地被品种,以防止雨水冲刷,前期可适当增加种植密度。蓄水区采用净化能力强的湿生植物,并应具有一定耐旱能力。

(3) 出水口采用根系发达的水生植物以防冲刷。

(4) 结合滞留湾两侧地形,组织配置植物空间,高低搭配,并兼顾季相变化需要。

4. 小微湿地植物

(1) 根据当地水质与土壤特点着重选取抗污染、净化能力强、耐盐碱的植物。

(2) 优先选取根系较发达的植物。

(3) 必要时选用遮阴效果良好的乔木,增加绿化层次,同时避免在夏季水温过高对水生动物产生危害。

(4) 深水区可选取耐淹的乔木、挺水植物、浮叶类植物或沉水植物。可利用乔木的遮光作用,抑制浮游藻类的繁殖。

(5) 浅水区可种植大量湿地植被,可选取乔木、灌木/矮树丛、草本及挺水类植物。

(6) 干湿交替带不易被水淹没,可种植耐旱性强,短时期耐水湿乔木或灌木矮树丛。

(7)沉水植物不宜种植在透明度低于 0.5 m 的流动水体内。

(8)漂浮植物因扩散繁殖快、维护量大,宜少设或不设。

5. 集雨型生态明沟植物

(1)为减小生态边沟地表径流,植物应优先选择根系发达而叶茎短小、适宜密植的植物。

(2)生态明沟容易聚集砂石、树叶等沉积物,植物宜选择耐水湿、抗逆性强的植物。

(3)路侧转输型生态明沟一般以地被草本植物为主,植被高度宜控制在 10—20 cm。

6. 植被缓冲带植物

(1)植被缓冲带内植物应具有较强净化能力和抗冲刷能力,宜选择根系发达、覆盖度高、拦截吸附性好的植物。

(2)应根据缓冲带不同位置选择适宜植物,靠近道路广场位置宜选择抗污染、抗粉尘能力强、耐盐碱的植物,且不应对基层产生影响;靠近消能坎位置易积聚沉积物,宜选择抗污染性、抗冲刷能力较强的植物。

(3)与水系毗邻的植被缓冲带,边缘区宜选择低矮密实的草本植物,干湿交替带宜选择具有耐旱性且耐周期性水淹能力强的植物,滨水区种植耐水湿乔木、灌木和湿生草本植物。

7. 绿色屋顶植物

(1)宜选择生长特性和观赏价值相对稳定、滞尘能力较强、抗风性强、节水耐旱、耐高温的乡土植物。

(2)优先选择抗污染、再生能力强、耐粗放管理的植物。

(3)应以低矮灌木、宿根花卉、地被植物和藤本植物等为主,原则上不用大型乔木,有条件时可少量种植耐旱型小乔木。

(4)植物材料首选容器苗、带土球苗和苗卷、生长垫、植生带等全根苗木。

(5)可根据不同植物对屋顶绿化基质种类和厚度要求,通过适当的微地形处理进行绿化种植。

(6) 植物种植需满足建筑荷载要求。

(7) 不应选择根系穿刺性强的植物,植物与屋顶之间应设置隔离层,以防止植物对防水层的破坏。

七、建设与维护管理

1. 建设要求

1) 一般规定

(1) 相关部门应在建设用地规划、建设工程规划、施工图设计审查、建设项目施工、监理、竣工验收备案等管理环节,加强对公园绿地海绵设施建设和相关指标落实情况的审查。建设工程的规模、竖向、平面布局等应严格按规划设计文件进行控制。

(2) 施工项目质量控制应有相应的施工技术标准、质量管理体系、质量控制和检验制度。

(3) 施工单位应具有相应的施工技术能力。应以相关验收规范标准、设计文件、施工合同等作为验收的依据和标准,对具备验收条件的公园绿地海绵工程项目进行验收。有条件的项目,建设工程的验收宜在整个工程经过一个雨季运行检验后进行。

(4) 公园绿地海绵项目建设及竣工验收应同时满足《城市园林绿化评价标准》(GB/T 50563—2010)、《园林绿化工程施工及验收规范》(CJJ 82—2012)中相关要求。

2) 场地建设

(1) 场地建设前,必须充分了解场地内地形地貌、周边水系及水源、现状植被、内部管网,地上地下障碍物、土质、水质等情况。

(2) 场地建设过程中,应充分考虑场地竖向及与周边地形关系,做到有蓄有排,合理疏导受纳内部与外部雨水;蓄水设施施工前,要充分考虑工程区域地下水位,考虑设施抗浮。

(3) 地形整理及土壤改良中,应充分研究土质,在保证土壤肥力的基础上,增加土壤的入渗率。

3) 设施建设

(1) 设施建设前,应充分研究设施及周边场地竖向关系,注意雨水管道与生物滞留设施的衔接,确保建立有效的溢流排放系统。

(2) 设施建设过程中应注意对穿孔管等管网的保护,避免损坏或堵塞管道。

（3）雨水设施进水口应设置有效的防冲刷、预处理设施，并充分考虑景观效果。

（4）设施进出水口、道路立缘石开口等区域注意通过植被、置石等进行绿化、美化。

（5）大型雨水设施周边应在设警示标识和预警系统，保证暴雨期间人员的安全。

4）种植施工

（1）施工人员应掌握雨水设施设计意图与要求，针对雨水设施植物配置的特点编制种植计划。

（2）施工前应了解土壤性质，并采取相应的改良措施。保证土壤的渗透性、pH达到植物种植要求。

（3）控制场地标高，保证雨水设施能发挥功能。非雨水设施范围的绿地区域不应有坑洼、积水。

（4）种植施工前应对雨水设施作必要保护，防止被雨水过度冲刷。

（5）根据地形确定乔灌木位置，注意观赏面朝向，忌在入水口栽植木本乔灌木，以防径流对根部土壤进行冲刷。

（6）增加乔木排水、透气措施，耐水湿乔木的移栽应做好植株成活前的土球保护工作，控制水位，提高成活率。

（7）根据水位放线，明确灌木、地被植物种植区域，分组团成丛栽植，花期、花色搭配合理，植被尺度需与雨水设施的尺度相协调。

（8）植物材料宜选择容器苗、带土球苗和苗卷、生长垫、植生带等全根苗木，避免土壤裸露。

（9）置石应结合雨水设施植物空间进行合理搭配设计，注重其景观效果。

（10）水湿生植物栽植后至长出新株期间应控制水位，严防新生苗（株）浸泡窒息死亡。

2. 维护要求

1）一般规定

海绵设施建成后应制定相应的运行维护管理制度、岗位操作手册、设施保养手册和事故应急预案。设施应有专职运行维护和管理人员，并经过专业培训。

应定期对设施进行日常巡查，雨季应加强设施检修和维护管理，保障设施正常、安全运行。

建立海绵设施智能监控系统,掌握实时运行数据,为海绵设施建设维护提供科学支撑。

2) 设施维护

(1) 透水铺装

① 定期清理面层垃圾跟沉积物,防止铺装孔隙阻塞。

② 面层出现破损时应及时修补或更换,出现不均匀沉降时应进行局部整修找平。

③ 铺装透水情况应定期检查,检查时间在雨后1—2 h。渗透能力大幅下降时应及时采取冲洗、负压抽吸等措施进行修复。

(2) 绿色屋顶

① 雨水口、屋面雨水斗、溢流口等部位应定期清理,防止被树叶、沉积物堵塞。

② 土壤渗透能力大幅下降时,应及时排查透水层、排水层、排水口等关键部位,及时疏通、修复。屋顶漏水时,应及时修补。

③ 应定期修剪、养护屋顶植被,清除杂草,保证屋顶植物景观效果和种植层整洁。

(3) 生物滞留设施、雨水花园

① 定期检查植被覆盖情况,进行修剪和补种,定期清除杂草、落叶、沉积物等,保持进水口、溢流口通畅。

② 定期检查边坡、水岸稳定性,有坍塌趋势前应及时采取木桩、抛石等方式加固。

③ 因地形沉降、地形坡度变化导致调蓄空间调蓄能力不足时,应调整挡水堰、溢流口高程。当调蓄空间雨水的排空时间超过36h时,应及时检查排溢口,必要时置换渗透性填料、树皮覆盖层或局部表层种植土。

(4) 渗管/渠

① 进水口出现冲刷造成水土流失时,应设置碎石缓冲或采取其他防冲刷措施。

② 设施内因沉积物淤积导致调蓄能力或过流能力不足时,应及时清理沉积物。

(5) 湿塘、小微湿地、滞留湾

① 定期清理淤泥和沉积物,避免进水口、溢流口堵塞或淤积。

② 滞留湾坡度较大时设置多级消能坎,防止水土,失和边坡坍塌。

③ 应定期对植物进行修剪、养护,挺水植物、浮水植物生长容易出现蔓延和扩散,需要及时清理、收割,保持景观效果稳定。

④ 水深较深区域警示标示、护栏等损坏或缺失时,应及时补充和加固。

(6) 雨水利用设施(雨水罐)

① 出水口因堵塞或淤积导致过水不畅时,及时清理垃圾与沉积物。

② 雨水灌宜定期放空,避免微生物、细菌滋生。

③ 在冬期来临前应将雨水罐及其连接管路中的水放空,以免受冻损坏。

(7) 转输型生态明沟、集雨型生态明沟、植被缓冲带

① 定期清除杂草,修整地形,提高汇水效率;沟内沉积物淤积导致过水不畅时,应及时清理。

② 边坡出现坍塌时,应及时进行加固,可考虑适当散置部分碎石。

③ 由于坡度较大导致沟内水流流速超过设计流速时,应增设消能石块或挡水堰。

3) 植物养护

(1) 应编制养护管理计划,并按计划认真实施,严控植物高度、疏密度,保持适宜的根冠比和水分平衡。

(2) 根据植物习性及时浇水,结合中耕除草,平整树台,须保证雨水设施内植物全覆盖。

(3) 应根据每种植物的生长特性进行针对性养护,加强病虫害观测,控制突发性病虫害发生,及时防治病虫害。更换长势不佳、有病虫害的植株。对设施植物长势进行跟踪调查,分析各品种的适应性,调整适应性不佳的植物品种。

(4) 在植物休眠期应在进水口、溢流口设置碎石缓冲或采取其他防冲刷措施,避免溢流口阻塞。

(5) 定期对生长过快的植物进行适当修剪,根据降水情况对植物进行灌溉,对板结土壤进行松土,摘除残花、黄叶、病虫叶等。

(6) 及时对雨水设施内的落叶、杂草进行清理。

(7) 及时收割湿地内的水生植物,定期清理水面漂浮物和落叶。

(8) 禁止使用除草剂、杀虫剂等农药。

表 7.1　绿地海绵设施维护频次表

设施类型	维护频次	备注
透水铺装	检修、疏通透水能力 2 次/年(雨季之前和期中)	—
绿色屋顶	检修、植物养护 2—3 次/年	初春浇灌(浇透)1 次,雨季期间除杂草 1 次,北方气温降至 0 ℃前浇灌(浇透)1 次;视天气情况不定期浇灌植物
集雨型生态明沟	检修 2 次/年(雨季之前和期中),清理植物残体及其他滞留物体	暴雨前应检查溢水
雨水花园	检修 2 次/年(雨季之前和期中),定期清理植被及废弃物残体	植物栽种初期适当增加浇灌次数;不定期地清理植物残体和其他垃圾
渗管/渠	检修 1 年/次(雨季之前)	—
生物滞留设施	检修 2 次/年(雨季之前和期中),植物常年维护	禁止使用农药
小微湿地	检修、植物残体清理 2 次/年(雨季),植物常年维护、清淤(雨季之前)	—
植被缓冲带	检修 2 次/年(雨季之前和期中),植物常年维护	禁止使用除草剂等药剂
滞留湾	检修 2 次/年(雨季之前和期中),植物常年维护	
雨水利用设施	检修 1 次/月(雨季之前)	

八、实施效果评估

1. 一般要求

（1）实施效果评估应包括年径流总量控制率、年径流污染控制率、排水防涝标准、雨水资源利用率等基本内容的评估（可委托第三方机构编制评估报告），鼓励结合建设和维护费用进行投资效益分析。

（2）实施效果评估鼓励采用现场监测和模型算法，条件缺少的采用指标考核，多种考核方式相结合，考核结果为后期设施日常管理和维护等工作提供反馈。

2. 年径流总量控制率评估

（1）有条件的区域可通过水文、水力计算与模型模拟等方法对年径流量控制率进行评估，模型选取和参数取值应结合当地气候、水文地质等特点。

（2）汇水区清晰、内河出水口明确且具备现场监测条件的地块或项目，宜通过现场监测进行年径流总量控制率评估。

（3）采用指标考核评估年径流总量控制率的同时，应根据住房城乡建设部《海绵城市建设技术指南—低影响开发雨水系统构建（试行）》相关设施规模计算方法，进行年径流总量控制率测算和复核。

3. 年径流污染控制率评估

（1）年径流污染控制率以年径流污染物总量削减率作为评估指标。

（2）单体设施的年固体悬浮物（SS）总量削减率可将年径流总量控制率乘以设施对年固体悬浮物（SS）的平均削减率。

（3）区域的年固体悬浮物（SS）总量削减率，可通过不同区域、地块的年固体悬浮物（SS）总量削减率经年径流总量加权平均计算得出。

4. 雨水资源利用率评估

（1）雨水资源利用率评估主要包括雨水收集并用于道路浇洒、绿地灌溉、市政杂用等雨水总量的核算。

（2）雨水收集利用水量应根据用水计量设施进行统计，无计量设施的，可通过洒水车总容量和绿化灌溉用水定额匡算。

（3）利用雨水进行景观水体补水的水量应计入雨水利用总量，可采用水量平衡法进行测算。

附录

附录一：主要参考资料

1）相关规范

（1）《城市绿地设计规范》GB 50420—2016

（2）《城市园林绿化评价标准》GB/T 50563—2010

（3）《城市排水工程规划规范》GB 50318—2017

（4）《园林绿化工程施工及验收规范》CJJ 82—2012

（5）《公园设计规范》GB 51192—2016

（6）《室外排水设计规范》GB 50014—2006

（7）《种植屋面工程技术规程》JGJ 155—2013

2）相关文件

（1）《江苏省政府办公厅关于加强风景名胜区保护和城市园林绿化工作的意见》（苏政办发〔2016〕34 号）

（2）《江苏省住房和城乡建设厅印发关于推进海绵城市建设指导意见的通知》（苏建城〔2015〕331 号）

（3）《海绵城市建设技术指南——低影响开发雨水系统构建（试行）》

附录二:江苏省土壤分布示意图

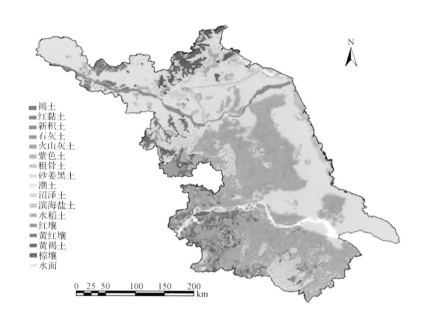

褐土
红黏土
新积土
石灰土
火山灰土
紫色土
粗骨土
砂姜黑土
潮土
沼泽土
滨海盐土
水稻土
红壤
黄红壤
黄褐土
棕壤
水面

0 25 50   100   150   200
km

N

附录三:土壤类型与渗透系数

土类	$k(m/s)$	土类	$k(m/s)$	土类	$k(m/s)$
黏土	$<5\times10^{-9}$	粉沙	$10^{-6}\sim10^{-5}$	粗沙	$2\times10^{-4}\sim5\times10^{-4}$
粉质黏土	$5\times10^{-9}\sim10^{-8}$	细沙	$10^{-5}\sim5\times10^{-5}$	砾石	$5\times10^{-4}\sim10^{-3}$
粉土	$5\times10^{-8}\sim10^{-6}$	中沙	$5\times10^{-5}\sim2\times10^{-4}$	卵石	$10^{-3}\sim5\times10^{-3}$

附录四:设施规模计算方法

1)一般计算

(1)容积法

公园绿地海绵设施以径流总量和径流污染为控制目标进行设计时,设施具有的调蓄容积一般应满足"单位面积控制容积"的指标要求。设计调蓄容积 一般采用容积法进行计算,如式(附录4.1-1)所示。

$$V = 10H\varphi F \qquad\qquad \text{(附录 4.1-1)}$$

式中:V——设计调蓄容积,m^3;

　　　H——设计降雨量,mm,统计方法及取值参照《指南》;

　　　φ——综合雨量径流系数,可参照《指南》进行加权平均计算;

　　　F——汇水面积,hm^2。

用于合流制排水系统的径流污染控制时,雨水调蓄池的有效容积可参照《室外排水设计规范》(GB50014)进行计算。

雨量径流系数表

汇水面种类	雨量径流系数 ϕ
绿化屋面(绿色屋顶,基质层厚度≥300 mm)	按式 5.1.1-1 计算
硬屋面、未铺石子的平屋面、沥青屋面	0.90
铺石子的平屋面	0.70
混凝土或沥青路面及广场	0.90
大块石等铺砌路面及广场	0.60
沥青表面处理的碎石路面及广场	0.55
级配碎石路面及广场	0.40
干砌砖石或碎石路面及广场	0.40
非铺砌的土路面	0.30
透水铺装路面和广场	按式 5.1.2-1 计算
绿地	0.15
水面	1.00
地下建筑覆土绿地(覆土厚度≥500 mm)	0.15
地下建筑覆土绿地(覆土厚度<500 mm)	0.40

2) 流量法

生态明沟等转输设施,其设计目标通常为排除一定设计重现期下的雨水流量,可通过推理公式来计算一定重现期下的雨水流量,如式(附录 4.1-2)所示。

$$Q = \psi q F \qquad\qquad \text{(附录 4.1-2)}$$

式中:Q——雨水设计流量,L/s;

　　　ψ——流量径流系数,可参见《指南》;

　　　q——设计暴雨强度,$\text{L}/(\text{s} \cdot \text{hm}^2)$;

　　　F——汇水面积,hm^2。

绿地雨水管渠系统设计重现期的取值及雨水设计流量的计算等还应符合《室外排水设计规范》(GB50014)的有关规定。

附录五:《江苏省公园绿地建设海绵技术应用陆生植物推荐名录》

上层木本植物

序号	中文名	科属	拉丁名	生态习性	观赏特性	耐湿	耐旱	耐盐碱	适种区域
1	湿地松	松科松属	Pinus elliottii	喜光,耐寒,极不耐阴抗风力强	观形	●	◎	◎	1,2
2	水杉	杉科水杉属	Metasequoia glyptostroboides	喜光,不耐贫瘠和干旱	色叶	◎	○	◎	1,2,3
3	池杉	杉科落羽杉属	Taxodium ascendens	强阳性,不耐阴,喜温暖、湿润,稍耐寒,抗风力强	色叶	●	●	○	1,2
4	落羽杉	杉科落羽杉属	Taxodium distichum	强阳性,耐低温,抗污染,抗风	色叶	●	◎	○	1,2
5	墨西哥落羽杉	杉科落羽杉属	Taxodium mucronatum Tenore	喜光,耐寒,抗风,抗污染,抗病虫害	色叶	●	●	●	1,2
6	中山杉	杉科落羽杉属	Taxodium hybrid 'zhongshanshan'	生长迅速,抗风	色叶	●	●	●	1,2,3e
7	东方杉	杉科落羽杉属	Taxodium mucronatum × Cryptomeria fortunei	速生,抗风	色叶	●	●	●	1,2,3e
8	垂柳	杨柳科柳属	Salix babylonica	喜光,耐寒,生长迅速,抗二氧化硫	花期3~4月	●	●	◎	1,2,3
9	金丝垂柳	杨柳科柳属	Salix X aureo-pendula	喜光,较耐寒,喜酸性及中性土壤	色叶	●	●	●	1,2,3
10	旱柳	杨柳科柳属	Salix matsudana	喜光,耐寒,抗风力强	花黄绿色,花期4月	●	●	●	1,2,3

（续表）

上层木本植物

序号	中文名	科属	拉丁名	生态习性	观赏特性	耐湿	耐旱	耐盐碱	适种区域
11	河柳	杨柳科柳属	*Salix chaenomeloides*	喜光,耐寒,喜水湿	嫩叶常发紫红色	●	●	◎	1,2,3
12	朴树	榆科朴树属	*Celtis sinensis*	喜光,适应力强	色叶	●	●	●	1,2,3
13	杜梨	蔷薇科梨属	*Pyrus betulifolia Bunge*	喜光,耐寒,耐旱,耐涝,耐瘠薄,耐盐碱	花期4月,果期8~9月	◎	●	○	3
14	枫杨	胡桃科枫杨属	*Pterocarya stenoptera*	喜光,不耐阴,有害气体抗性弱	花期4~5月	●	◎	◎	1,2,3
15	乌桕	大戟科乌桕属	*Sapium sebiferum*	喜光,不耐阴,不耐寒,抗风力强	花期5~7月,色叶	●	●	●	1,2,3
16	桑	桑科桑属	*Morus alba*	喜温暖湿润,稍耐阴耐寒	花淡绿色,花期4月,果期6~7月	◎	◎	◎	1,2,3
17	重阳木	大戟科秋枫属	*Bischofia polycarpa*	喜光,耐水湿,抗风耐寒	色叶	◎	◎	●	1,2,3
18	楝树	楝科楝属	*Melia azedarach*	喜光,不耐阴,较耐寒	花期5月,花堇紫色	◎	●	◎	1,2,3
19	枫香	金缕梅科枫香属	*Liquidambar formosana*	喜光,抗风力强	色叶	◎	○	◎	1,2,3
20	喜树	蓝果树科喜树属	*Camptotheca acuminata*	喜温暖湿润,不耐严寒	花淡绿色,花期5~7月	◎	○	◎	1,2
21	构树	桑科构树属	*Broussonetia papyrifera*	喜光,适应性强,耐干旱瘠薄,抗大气污染	花绿色,花期4~5月	◎	●	◎	1,2,3

（续表）

上层木本植物

序号	中文名	科属	拉丁名	生态习性	观赏特性	耐湿	耐旱	耐盐碱	适种区域
22	白蜡	木犀科白蜡属	Fraxinus chinensis	喜光,对霜冻敏感	花期4月	◎	●	◎	1,2,3
23	丝绵木	卫矛科卫矛属	Euonymus maackii	喜光,稍耐阴,耐寒,抗风	花淡绿色,花期5~6月	◎	●	◎	1,2,3
24	三角枫	槭树科槭树属	Acer buergerianum	弱阳性,耐寒,耐修剪	花淡黄色,花期4月,色叶	◎	○	◎	1,2,3
25	无患子	无患子科无患子属	Sapindus mukorossi	喜光,稍耐阴,耐寒力强,抗风力强,不耐修剪,抗二氧化硫	色叶,花期5~6月	◎	●	◎	1,2,3
26	榔榆	榆科榆属	Ulmus parvifolia	喜光,耐干旱,对有毒气体烟尘抗性较强	色叶	◎	◎	◎	1,2,3
27	刺槐	蝶形花科刺槐属	Robinia pseudoacacia	喜光,不耐阴,抗风力强,萌芽力强	花期4~5月,花白色	◎	●	◎	1,2,3
28	香樟	樟科樟属	Cinnamomum camphora	喜光,稍耐阴,能抗风,吸烟滞尘能力强	常绿	◎	○	○	1,2s
29	复羽叶栾树	无患子科栾树属	Koelreuteria bipinnata	喜光,抗风,抗大气污染,速生	花期7~9月,色黄色	◎	●	◎	1,2,3
30	黄连木	漆树科黄连木属	Pistacia chinensis	喜光,畏寒,抗风力强,生长慢,对二氧化硫和煤烟的抗性较强	花期5~6月,花紫红色;色叶	◎	●	○	1,2,3
31	榉树	榆科榉树属	Zelkova schneideriana	阳性,耐烟尘及有害气体,抗风力强	色叶	◎	●	●	1,2,3
32	臭椿	苦木科臭椿属	Ailanthus altissima	喜光,耐干旱,不耐水湿,对二氧化硫、氯化氢、二氧化氮抗性强	嫩叶紫红色,翅果红色	○	●	●	1,2,3

（续表）

中层木本植物

序号	中文名	科属	拉丁名	生态习性	观赏特性	耐湿	耐旱	耐盐碱	适种区域
1	盐肤木	漆树科 盐肤木属	Rhus chinensis	喜光，对气候及土壤的适应性很强	花期7~8月，花白色	●	●	◎	1,2,3
2	海州常山	马鞭草科 赪桐属	Clerodendrum trichotomum	耐寒	花期7~8月，花白色或带粉红色	●	●	●	1,2,3
3	木芙蓉	锦葵科 木槿属	Hibiscus mutabilis	喜光，稍耐阴，不耐寒，对有害气体抗性强	花期9~10月，花粉红紫红色	●	○	—	1,2s
4	杞柳	杨柳科 柳属	Salix integra	阳性，喜沙壤土	花期5月，小枝淡黄或淡红色	●	●	○	1,2,3
5	柽柳	柽柳科 柽柳属	Tamarix chinensis	喜光，不耐阴，抗风，生长较快	花期4~9月，花粉红色	●	●	●	1,2,3
6	紫穗槐	蝶形花科 紫穗槐属	Amorpha fruticosa	喜光，耐寒性强	花期5月，花暗紫色	●	●	●	1,2,3
7	夹竹桃	夹竹桃科 夹竹桃属	Nerium oleander	喜温暖湿润，耐阴，耐寒力不强	常绿，花期6~10月，花红或粉红色	◎	●	●	1,2
8	海滨木槿	锦葵科 木槿属	Hibiscus hamabo	喜光，抗风力强，耐高温，稍耐寒，土壤适应力强	花期7~10月，花金黄色	●	●	●	1,2,3e
9	木槿	锦葵科 木槿属	Hibiscus syriacus	稍耐阴，喜温暖、湿润气候，耐修剪，耐热又耐寒	花期7~8(9)月，花淡紫色	●	●	●	1,2,3
10	金银木	忍冬科 忍冬属	Lonicera maackii	喜强光，耐寒	花期(4)5~6月，花由白色变黄色，果期9~10月，果鲜红	◎	●	●	1,2,3

（续表）

序号	中文名	科属	拉丁名	生态习性	观赏特性	耐湿	耐旱	耐盐碱	适种区域
下层木本植物									
1	红瑞木	山茱萸科 株木属	*Cornus alba*	喜欢潮湿温暖,光照充足,喜肥	花期6~7月,花黄白色,色叶	●	●	—	1、2、3
2	洒金东瀛珊瑚	山茱萸科 桃叶珊瑚属	*Aucuba japonica* 'Variegata'	性喜温暖阴湿环境,不甚耐寒,对烟尘的抗性很强	常绿,彩叶,花期3~4月,花紫色	○	○	○	1、2
3	牡荆	马鞭草科 牡荆属	*Vitex negundo* var. *cannabifolia*	喜光,耐阴,耐寒,对土壤适应性强	花期4~6月,花淡紫色	●	●	◎	1、2、3
4	连翘	木犀科 连翘属	*Forsythia suspensa*	喜光,耐寒,适应力强	花期3~4月,花亮黄色	●	◎	◎	1、2
5	云南黄馨	木犀科 茉莉属	*Jasminum mesnyi*	喜光,稍耐阴,不耐寒,适应性强	花期3~4月,花黄色	◎	◎	◎	1、2
6	醉鱼草	马钱科 醉鱼草属	*Buddleja lindleyana*	喜温暖湿润,适应性强	花期6~8月,花紫白深红色	○	●	◎	1、2
7	细叶水团花	茜草科 水团花属	*Adina rubella*	喜光,较耐寒	花期7月,花紫红色	●	○	—	1、2
8	地中海荚蒾	忍冬科 荚蒾属	*Viburnum tinus*	喜光,耐阴,较耐寒	花期11~次年4月,花白色	◎	◎	◎	1、2、3
下层草本植物									
1	玉簪	百合科 玉簪属	*Hosta plantaginea*	阴性,极耐寒	花期4~5月,花蓝紫色	◎	○	◎	1、2、3
2	拂子茅	禾本科 拂子茅属	*Calamagrostis brachytricha*	抗盐碱土壤,耐强湿,回沙力强	花淡紫色,花期9月	●	●	●	1、2、3
3	东方狼尾草	禾本科 狼尾草属	*Pennisetum orientale*	喜光,耐高温,耐旱,耐寒性强	观叶,花粉白色,花期6~9月	◎	●	◎	1、2、3

（续表）

下层草本植物

序号	中文名	科属	拉丁名	生态习性	观赏特性	耐湿	耐旱	耐盐碱	适种区域
4	蒲苇	禾本科蒲苇属	*Cortaderia selloana*	喜温暖湿润,耐寒	观叶,花银色,花期9~10月	●	●	●	1,2,3
5	花叶蒲苇	禾本科蒲苇属	*Carex oshimensis* 'Evergold'	喜光,耐干旱,忌涝,耐半阴	花叶,花期9~10月,花银白色	◎	●	●	1,2,3
6	狼尾草	禾本科狼尾草属	*Pennisetum alopecuroides*	喜光,耐半阴,抗寒性强	观叶,花期8~10月,花紫色	●	●	●	1,2,3
7	斑叶芒	禾本科芒属	*Miscanthus sinensis* Andress 'Zebrinus'	喜光,耐半阴,性强健,性强	观叶,花期9~10月,花乳白色	●	●	◎	1,2,3
8	细叶芒	禾本科芒属	*Miscanthus sinensis*	耐半阴,耐旱,也耐劳	观叶,花期7~11月,花黄棕色	●	●	◎	1,2,3
9	花叶芒	禾本科芒属	*Miscanthus sinensis* 'Variegatus'	喜光,耐半阴,耐寒,耐旱	花叶	●	●	◎	1,2,3
10	五节芒	禾本科芒属	*Miscanthus floridulus*	喜光,耐半阴,耐寒,耐旱	观叶,花期5~10月,花淡紫,紫褐色	●	●	—	1,2,3
11	针茅	禾本科针茅属	*Stipa capillata*	喜光,耐半阴,耐寒,耐旱	观叶	●	●	●	1,2,3
12	日本血草	禾本科白茅属	*Imperata cylindrical* 'Rubra'	喜光,耐热	彩叶	◎	◎	◎	1,2,3
13	翠芦莉	爵床科单药花属	*Ruellia brittoniana* Leonard	抗逆性强,喜高温	花期3~10月,花蓝紫色	●	●	◎	1,2,3

注：一、在适种区域栏,1代表苏南,2代表苏中,3代表苏北,"e,s,w,n"为东、南、西、北,北部地区。例如"3e"为苏北东部地区。
二、●能力强,◎能力一般,○能力差。

附录六:《江苏省公园绿地建设海绵技术应用水生及湿生草本植物推荐名录》

序号	名称	科属	拉丁名	生态习性	植株高度(cm)	观赏特性	优势功能	适用区域	适种区域
1	荷花	莲科莲属	*Nelumbo nucifera*	喜阳	60~200	观花,花期6~9月	吸收、富集重金属,去除悬浮物,观赏性强	深水区、中等水深区	1,2,3
2	芦苇	禾本科芦苇属	*Phragmites australis*	湿生,适应性、抗逆性强	150~250	观叶,花期9~10月	传氧性能优越,有利于COD降解、净化水中悬浮物、氮、有机氮、硫酸盐	中等水深区、浅水区、干湿交替带	1,2,3
3	芦竹	禾本科芦竹属	*Arundo donax*	喜水湿,耐寒性不强,较耐旱	150~250	观叶	吸收、富集重金属	干湿交替带	1,2,3
4	玉带草	禾本科䅟草属	*Phalaris arundinacea var. picta*	喜光,耐湿,较耐寒,耐盐碱	100~300	观叶	—	干湿交替带	1,2,3
5	花叶芦竹	禾本科芦竹属	*Arundo donax var. versicolor*	喜光,耐寒	150~250	观叶	—	浅水区、干湿交替带	1,2,3
6	香蒲	香蒲科香蒲属	*Typha orientalis*	喜高温多湿,较耐寒	150~200	观叶,花果期5~8月	吸收、富集重金属,降解COD及石油类废水有机物,去除总氮、总磷	深水区、中等水深区	1,2,3
7	小香蒲	香蒲科香蒲属	*Typha minima Funck*	沼生,耐轻度盐碱,抗旱能力差	150~200	观叶,花果期5~8月	吸收、富集重金属,对COD和铵态氮去除效果明显	中等水深区、浅水区	1,2,3
8	水烛	香蒲科香蒲属	*Typha angustifolia*	沼生	150~250	观叶,花期6~8月	吸收重金属,降解COD、氮、磷	深水区、中等水深区、浅水区	1,2,3

（续表）

序号	名称	科属	拉丁名	生态习性	植株高度(cm)	观赏特性	优势功能	适用区域	适种区域
9	宽叶香蒲	香蒲科香蒲属	*Typga latifolia*	水生或沼生，耐低温	100~250	观叶，花期6~9月	吸收、富集重金属和有机物	中等水深区浅水区	1、2、3
10	花叶香蒲	香蒲科香蒲属	*Typha latifolia 'Variegata'*	耐寒，喜光，喜温，怕风	150~200	观叶，花期7~9月	对于 COD 和铵态氮去除效果明显	中等水深区浅水区	1、2、3
11	水葱	莎草科藨草属	*Scirpus validus*	耐寒	150~200	观叶，花果期6~9月	净化多元物，对污水中有机物、氨氮、磷酸盐及重金属有较高的去除率，观赏性强	中等水深区浅水区、干湿交替带	1、2、3
12	花叶水葱	莎草科藨草属	*Scirpus validus cv. zebrinus*	性喜温暖湿润的浅水	100~120	观叶，花果期6~9月	耐寒，对污水中有机物、氨氮、磷酸盐及重金属有较高的去除率，观赏性强	中等水深区浅水区、干湿交替带	1、2、3
13	再力花	竹芋科再力花属	*Thalia dealbata*	喜光，不耐寒和耐旱，耐半阴，耐微碱性土壤	150~200	观花，花期6~9月	去除总磷	中等水深区浅水区	1、2
14	菰	禾本科菰属	*Zizania latifolia*	不耐寒冷和高温干旱	120~150	观叶，经济价值	对 Mn、Zn 等富集作用，对氮磷吸收能力强，可食用	浅水区	1、2
15	香根草	禾本科香根草属	*Vetiveria zizanioides* L.	耐旱，耐贫瘠	100~200	观叶	根系较大，抗旱，抗寒热，抗酸碱，去除污水中总氮、总磷，香料植物	干湿交替带	1、2
16	旱伞草	莎草科莎草属	*Cyperus alternifolius*	喜湿，耐阴，不耐寒	100~150	观叶	—	浅水区	1、2

（续表）

序号	名称	科属	拉丁名	生态习性	植株高度 (cm)	观赏特性	优势功能	适用区域	适种区域
17	美人蕉	美人蕉科 美人蕉属	Canna indica	喜温暖湿润, 耐瘠薄, 不耐寒, 怕强风和霜冻	120～180	色叶、花果 期 5～12 月	吸收、富集金属, 去除污水中总磷, 对干COD和铵态氮去除效果明显	干湿交替带	1、2、3
18	水生美人蕉	美人蕉科 美人蕉属	Canna flaccida	喜光、怕强风	120～180	色叶、花果 期 5～12 月	吸收、富集金属, 对去除污水中总磷、对干COD和铵态氮去除效果明显	浅水区、干湿交替带	1、2、3
19	纸莎草	莎草科 莎草属	Cyperus papyrus	土壤适应能力强, 对霜敏感	90～120	观叶、花期 6～7月	吸收、富集重金属	浅水区、干湿交替带	1、2、3
20	千屈菜	千屈菜科 千屈菜属	Lythrum salicaria	较耐旱	100～200	花期 7～9 月	吸收、富集重金属, 去除氨氮, 观赏性强	浅水区、干湿交替带	1、2、3
21	长鬃蓼	蓼科 蓼属	Polygonum longisetum De Br.	阳性植物, 稍耐阴、耐寒、耐干旱瘠薄、耐潮湿	30～50	花果期 8～11月	—	干湿交替带	1、2、3
22	红蓼	蓼科 蓼属	Polygonum orientale Linn.	耐水湿	100～200	花期 6～9 月	—	干湿交替带	1、2、3
23	三白草	百三草科 百三草属	Saururus chinensis	喜光、喜湿畏寒、喜清水、较耐旱	100	观叶	吸收、富集重金属, 观赏性强	浅水区、干湿交替带	1、2
24	泽泻	泽泻科 泽泻属	Alisma planta-go-aquatica	喜光、喜湿、喜清水	70～100	观叶	—	浅水区、干湿交替带	1、2、3
25	梭鱼草	雨久花科 梭鱼草属	Pontederia cordata	喜阳、怕风、不耐寒	60～100	观叶、花期 5～10月	吸收、富集金属, 去除总氮	中等水深区、浅水区	1、2

（续表）

序号	名称	科属	拉丁名	生态习性	植株高度(cm)	观赏特性	优势功能	适用区域	适种区域
26	水苏	唇形科水苏属	*Stachys japonica*	喜光，喜净水	20~80	花期5~7月	吸收氮磷	干湿交替带	1,2,3
27	慈姑	泽泻科慈姑属	*Sagittaria sagittifolia*	性喜温暖	50~80	观叶	对BOD去除率较高，可食用、观赏性强	浅水区	1,2
28	野慈姑	泽泻科慈姑属	*Sagittaria trifolia*	喜光，喜温暖	20~70	花果期5~10月	吸收重金属，降解BOD，去除总氮、总磷	浅水区	1,2
29	灯芯草	灯芯草科灯芯草属	*Juncus effusus*	喜温湿	60~80	观叶	半常绿、较耐旱，去除污水中总氮、总磷、酚，吸收、富集重金属，药用	浅水区	1,2,3
30	黄菖蒲	鸢尾科鸢尾属	*Iris pseudacorus*	喜光，喜湿、耐阴、耐寒性强、有一定的耐盐碱能力	60~80	观叶、花期5~6月	吸收、富集重金属，观赏性强	中等水深区，浅水区、干湿交替带	1,2,3
31	花菖蒲	鸢尾科鸢尾属	*Iris ensata*	喜光，喜湿	40~100	观叶、花期6~7月	去除氮磷	浅水区、干湿交替带	1,2,3
32	鸢尾	鸢尾科鸢尾属	*Iris tectorum*	喜光，耐寒、耐半阴	60~80	观叶、花期4~6月	—	浅水区、干湿交替带	1,2
33	路易斯安娜鸢尾	鸢尾科鸢尾属	*Iris hybrids* 'Louisiana'	耐寒、喜湿、耐旱、耐热	60~100	观叶、花期5~6月	—	浅水区、干湿交替带	1,2,3
34	西伯利亚鸢尾	鸢尾科鸢尾属	*Iris sibirica* L.	耐寒、耐热、抗病性强	60~100	观叶、花期4~5月	—	浅水区、干湿交替带	1,2,3
35	紫芋	天南星科芋属	*Colocasia tonoimo*	喜高温、耐阴、耐湿	50~80	观叶	—	干湿交替带	1,2
36	水芹	伞形科水芹菜属	*Oenanthe javanica*	喜光，喜温润	30~50	观叶	除氮磷效果佳，可食用	中等水深区、浅水区	1,2,3

（续表）

序号	名称	科属	拉丁名	生态习性	植株高度(cm)	观赏特性	优势功能	适用区域	适种区域
37	花叶菖蒲	天南星科菖蒲属	Acorus gramineus	喜湿润,耐寒,忌干旱,喜光又耐阴	50~70	观叶,花期3~6月	—	中等水深区,浅水区	1,2,3
38	菖蒲	天南星科菖蒲属	Acorus calamus L.	喜冷凉湿润,阴湿环境,耐寒,忌干旱	50~70	观叶	去除氨氮、细菌和大肠杆菌	中等水深区,浅水区	1,2,3
39	溪荪	鸢尾科鸢尾属	Iris sanguinea	喜光,较耐阴,耐盐碱,耐寒性强	40~50	观叶,花期5月	—	浅水区,干湿交替带	1,2,3
40	马蔺	鸢尾科鸢尾属	Iris lactea var. chinensis	耐重盐碱,较耐旱,观赏性强	60~80	花期5~6月	—	干湿交替带	1,2,3
41	藨草	莎草科藨草属	Scirpus triqueter	耐寒,喜水湿,怕干旱,耐阴	50~100	花期6~9月	去除总氮、总磷	中等水深区,浅水区	1,2,3
42	泽苔草	泽苔草属	Caldesia parnassifolia	不耐干旱,喜光,喜静水	70~100	观叶	吸收、富集重金属,除总磷	深水区、中等水深区、浅水区	1,2,3
43	石菖蒲	天南星科菖蒲属	Acorus tatarinowii	喜阴湿,不耐干旱	20~30	观叶	去除污水中总磷	浅水区、干湿交替带	1,2,3
44	金钱石菖蒲	天南星科菖蒲属	Acorus gramineus var. pusillus	喜温暖、湿润、半阴环境	20~30	观叶,花期2~4月	吸收有害气体、净化水质,观赏性强	干湿交替带	1,2,3
45	金钱蒲	天南星科菖蒲属	Acorus gramineus	喜湿	5~10	观叶	抑菌	浅水区、干湿交替带	1,2,3

（续表）

序号	名称	科属	拉丁名	生态习性	植株高度(cm)	观赏特性	优势功能	适用区域	适种区域
46	香菇草	伞形科天胡荽属	Hydrocotyle vulgaris	喜光、喜温暖、耐阴、耐湿	5~15	观叶	对污染物的综合吸收能力较强	浅水区	1,2
47	菱	菱科菱属	Trapa bispinosa	喜光	水上5~10	观叶,花期5~10月	去除污水中总氮,食用,药用	深水区、中等水深区、浅水区	1,2
48	芡实	睡莲科芡属	Euryale ferox	喜温暖、喜光,不耐霜寒	水上5~20	观叶	降解BOD、COD,食用	深水区、中等水深区	1,2
49	睡莲	睡莲科睡莲属	Nymphaea tetragona	喜强光、通风良好	水上5~20	观叶,花期6~8月	降解BOD、COD,去除总氮,能吸收水中汞,铅,苯酚等有毒物质	深水区、中等水深区	1,2,3
50	荇菜	睡莲科荇菜属	Nymphoides peltata	喜阳、耐寒	水上5~10	观叶,花期6~10月	降解BOD、COD,去除总氮、总磷	深水区、中等水深区、浅水区	1,2,3
51	萍蓬草	睡莲科萍蓬草属	Nuphar pumila	喜阳、耐寒	水上5~10	观叶,花期5~7月	降解COD,观赏性强	中等水深区、浅水区	1
52	莼菜	睡莲科莼属	Brasenia schreberi	喜温暖	水上5~20	观叶,花期5~6月	吸收、富集重金属	深水区、中等水深区	1,2
53	苦草	水鳖科苦草属	Vallisneria natans	喜温暖、耐阴蔽	水上0	—	药用	深水区、中等水深区、浅水区	1,2,3
54	眼子菜	眼子菜科眼子菜属	Potamogeton distinctus	喜光	水上0	—	—	深水区、中等水深区、浅水区	—

（续表）

序号	名称	科属	拉丁名	生态习性	植株高度(cm)	观赏特性	优势功能	适用区域	适种区域
55	篦齿眼子菜	眼子菜科 眼子菜属	*Potamogeton pectinatus* L.	水体微酸性或中性	水上 0	—	药用	深水区、中等水深区、浅水区	1,2,3
56	黑藻	水鳖科 黑藻属	*Hydrilla verticillata*	耐高温	水上 0	花果 5～10 月	吸收、富集重金属	深水区、中等水深区、浅水区	1,2,3
57	金鱼藻	金鱼藻科 金鱼藻属	*Ceratophyllum demersum*	喜光、喜静水	水上 0	花期 6～7 月	吸收、富集重金属，去除总氮、总磷	深水区、中等水深区、浅水区	1,2,3
58	狐尾藻	小二仙草科 狐尾藻属	*Myriophyllum verticillatum* L.	耐微碱性，不耐寒	水上 0	花期 4～10 月	去除总氮、总磷，吸收富集重金属	深水区、中等水深区、浅水区	1,2,3
59	川蔓藻	眼子菜科 川蔓藻属	*Ruppia* L.	生于盐湖，耐寒	水上 0	花果期 6～10月	去除总氮、总磷	深水区、中等水深区、浅水区	1,2,3

注：一、在适种区域栏，1 代表苏南，2 代表苏中，3 代表苏北。

二、深水区（水深）：>0.5 m；中等水深区（水深）：0.3～0.5 m；浅水区（水深）：0～0.3 m；干湿交替带：指最高水位线与正常水位线之间的区域。